本书得到“内涵发展——地理学一流学科建设”专项的资助

北京常见树木物候图谱

张明庆　著

首都师范大学出版社
CAPITAL NORMAL UNIVERSITY PRESS

图书在版编目（CIP）数据

北京常见树木物候图谱 / 张明庆著. - 北京：首都师范大学出版社，2022.12

ISBN 978-7-5656-7224-8

Ⅰ. ①北… Ⅱ. ①张… Ⅲ. ①树木－物候学－北京－图谱 Ⅳ. ①S717.201-64

中国版本图书馆CIP数据核字(2022)第178414号

BEIJING CHANGJIAN SHUMU WUHOU TUPU

北京常见树木物候图谱

张明庆　著

责任编辑　沈小梅

首都师范大学出版社出版发行

地　址　北京西三环北路105号

邮　编　100048

电　话　68418523（总编室）　68982468（发行部）

网　址　http://cnupn.cnu.edu.cn

印　刷　北京印刷集团有限责任公司

经　销　全国新华书店

版　次　2022年12月第1版

印　次　2022年12月第1次印刷

开　本　787 mm×1092 mm　1/16

印　张　18.25

字　数　168千

定　价　136.00元

前　言

20 世纪 90 年代初，出于对植物的热爱，我师从杨国栋教授学习物候学。观测是入门的第一课，这是一件既辛苦又充满乐趣的事情。那时每周除了在校园和玉渊潭公园观测外，还随先生骑车到北京植物园进行观测，在路上聆听先生的教诲，在观测中认识植物，感受植物物候现象的新奇。回想那段时光，师傅带徒弟式的学习，自己在各方面都受益匪浅。

1997 年，我有了自己第一台胶片单反相机，并用它将植物物候现象记录在胶片上，用于课堂教学。当时胶片和冲洗费用较高，我珍惜每一次按下快门的机会。2003 年，我有了第一台数码相机。从那时起，再也不用去考虑按快门的频次。新技术使我有可能用照片去记录植物一年四季的生长变化。近 20 年的时间，我拍摄了大量的植物物候现象照片，仅数码相机就用坏了四台。在教学中，我开始尝试制作“本周可以看到的物候现象”课件，用观测中拍摄的图片提醒学生关注身边的物候现象，学习物候观测方法。

在将多年拍摄的物候现象图片整理编辑成书之际，我首先要感谢李小娟校长，几年前是她鼓励我将照片加以整理出版，并给予了大量的支持和帮助。在整理的过程中，我发现有些植物物候图片尚有欠缺，而物候现象一旦错过就要等上一年，整理和补拍照片使图谱的出版又耽搁了几年。感谢挚友首都师范大学生命科学学院李学东教授，每当我遇到植物方面的问题，他都热情无私地提供帮助，在审阅本书初稿时，从植物排序到每一张图片和文字注释，他都提出了详尽的修改意见。感谢赫尔辛基大学刘洋博士、北京市第 35 中学赵志壮老师审阅本书初稿。感谢东城区园林绿化管理中心许联瑛教授级高级工程师对本书图片编辑和体例的建议。感谢陶然亭公园李大雄高级工程师、世界花卉大观园侯丹工程师在植物鉴定上给予的帮助。感谢首都师范大学出版社及编辑沈小梅在本书出版过程中给予的支持和帮助。

花开花落，叶绿叶黄，年复一年的物候观测已伴随我走过近 30 年的人生，成为我生活的一部分。感谢将我领进门的恩师，感谢家人的理解和支持，感谢所有帮助过我的人。在大自然中感悟，向大自然学习，我想这条路我会一直走下去。由于作者水平有限，虽经努力，但书中错误、疏漏与不足之处在所难免，敬请读者批评指正。

目　录

编 排 说 明

一、植物排序及名称

本书包括 39 科 93 属 152 种（含种下单位）北京常见树木。图谱中植物科的排序依据李德铢主编的《中国维管植物科属志》，该志裸子植物依据克氏裸子植物系统，被子植物依据 APG Ⅳ系统；属、种按字母顺序排序。

书中植物拉丁名及中文名以《中国植物志》（网络版 2022 年 7 月 31 日检索）为准，《中国植物志》中未收录的植物，主要以张天麟编著的《园林树木 1600 种》为准。

二、物候现象的编排

图谱中物候现象的照片按照以下原则进行排序：首先是植株的夏态和冬态，方便读者对树木的季相变化有一个总体的认识。然后再按照树木物候现象发生的萌动期、展叶期、开花期、果实或种子生长发育期、叶秋季变色期和落叶期等的次序呈现。

由于植物种类繁多，不同植物的生长千差万别。因此，用有限的静态图片反映植物的生长变化是一件比较困难的事情。结合多年的物候观测，以及对树木物候现象的理解，本图谱所选照片尽可能地反映树木物候期的特征。

需要说明的是，为了便于读者对照观察，在萌动期的芽膨大前，增加了芽冬态的照片。此外，由于落叶始期很难用图片表现，故本图谱不包括落叶始期的图片。

树木物候观测项目与特征

体现自然季节变化的物候现象，被视为“大自然的语言”和全球变化的“诊断指纹”。这既是对气候等环境条件变化的综合反映，也是认识和研究环境变化的重要因子。传统的物候观测是指通过人的观察，对物候现象的发生进行记录，这仍是目前获取物候资料的重要手段。

树木物候观测项目及其特征，主要依据《中国物候观测方法》，并结合我们日常观测的一些体会，包括对树木萌动、展叶、开花、果实或种子生长发育、新梢生长、叶秋季变色和落叶等树木生长发育期的观测，其中涉及树液开始流动、芽膨大、芽开放、展叶始、展叶盛、新叶幕、花蕾（或花序）出现、开花始、开花盛、开花末、第二次或多次开花、果实或种子始熟、果实或种子全熟、果实或种子脱落始、果实或种子脱落末、新梢开始生长、新梢停止生长、叶始变色、叶变色盛、叶全变色、落叶始、落叶盛、落叶末等物候现象的观测。

当物候现象在观测对象上出现的第一天，不论其数量多少，这一天就是该种物候现象出现的开始日期。物候观测所需要记录的就是各种物候现象发生的开始日期。

一、萌动期

包括对树木树液开始流动、芽膨大、芽开放等物候现象发生期的观测。对于木本植物而言，萌动期是植物从冬季休眠状态转入生长状态的标志，是早春时节最富有特征的物候现象。

1. 树液开始流动期

树液流动是指树木从新伤口处出现水滴状分泌液。一年中，树液开始流动现象往往发生在树木芽出现明显萌动之前，不仅是树木结束休眠后最早发生的物候现象，而且与芽膨大等物候现象相比较，更易于观察。该现象的出现，对于冬末春初观测者开始加密观测具有很好的提示作用。在北京，一些槭属的植物比较容易观测到树液开始流动的现象，如元宝槭、银红槭等。

2. 芽膨大期

物候观测的芽膨大是指树木结束冬季休眠后，即隆冬过后，在宏观上能够看到树木芽最初开始生长的日期。一般来说，具有鳞片包裹的芽，当它的鳞片开始分离，从侧面显露出淡色的线形、角形或人字形新痕时，就表明它的芽开始膨大，进入芽膨大期了。

有些树木芽的结构比较特殊，分别说明如下：

（1）侧柏：当褐黄色的雄球花萌动，鳞片间开始出现浅色条纹时，就是侧柏雄球花的芽开始膨大了。

（2）油松：在春季，当顶芽的鳞片开始反卷，出现鲜棕色新痕时，就是油松芽开始膨大了。

（3）榆树：在芽的鳞片边缘，因芽膨大而拉出白色绒毛时，就是榆树的花芽开始膨大了。

（4）玉兰：在春天，具有绒毛的外鳞片从顶部开裂时，就是玉兰的芽开始膨大了。

（5）刺槐：在春季，当叶痕突起，出现人字形的裂口（冬季间或有裂缝，但不规则）时，就是刺槐的芽开始膨大了。

（6）槐树：褐色带绒毛的隐蔽芽因膨胀而开始露出墨绿色时，就是槐树的芽开始膨大了。

（7）枣树：冬芽出现新鲜的棕黄色绒毛时，就是枣树的芽开始膨大了。

（8）栾树：从芽中露出黄色绒毛时，就是栾树的芽开始膨大了。

（9）木槿：芽突起出现白色、绿色的毛刺时，就是木槿的芽开始膨大了。

树木的芽有花芽、叶芽之分，它们萌动膨大的先后往往不同，在普通物候观测中，对一种树木来说，以记录其最早萌动膨大的芽为准。如有条件，可分别记录各种芽开始膨大的日期。

为了便于观察，不错过记录，对于较大的芽，可以预先在需要观察的芽上涂一层薄薄的墨或漆。当芽开始膨大时，墨（漆）膜分开，中间露出其他颜色，很容易被察觉。对于某些芽很小或具有绒毛状鳞片的芽，要观察其膨大开始就比较困难。在这种情况下，宜用放大镜观察。一般来说，绒毛状芽的膨大是以它顶端开始出现新鲜的发亮毛茸来判定。

单鳞片的芽膨大后，不会出现观测方法中所说的“显露出淡色线形、角形或人字形”新痕。因此，这类植物芽膨大的观测较难把握。以柳属植物为例，在冬眠期，柳树的芽干瘪且往往紧贴枝条，枝条易折断；在结束冬眠后，枝条会变软，有韧性，不易折断，此时芽也有胀满感；芽胀满后，芽会与枝条分离，并与枝条形成一定角度。故对于柳属植物，应以芽胀满，与枝条成一定角度作为芽开始膨大的标准。

芽膨大是树木休眠期结束，生长期开始的标志。在实际观测中，芽膨大是不容易观测准确的物候现象之一，究其原因主要有以下两点。第一，不同树木芽形态各异，芽开始膨大的变化特征各有不同，不易把握；第二，树木的芽一般较小，其形态的微小变化不易察觉，容易被忽略。

有些年份受晚冬和初春气温波动剧烈的影响，在此期间出现芽膨大的一些树种，在芽膨大后，其形态变化可能会出现停滞现象；由于冬末春初风沙大、雨水少，芽鳞片新错出的痕迹易被灰尘遮掩，这些可能会造成观测到多次芽膨大现象。按照观测标准，当出现这种现象时，应以隆冬过后，第一次看到芽膨大现象的日期作为观测记录。

3. 芽开放期

有鳞片的芽，在芽膨大之后，继续生长，当芽的鳞片裂开，现出其内部的被包裹物（叶片、花萼、花序、苞片等）的尖端时，就是芽开放了，如榆树、杏树。若为隐蔽芽，当明显看到长出绿色叶尖时，为其芽开放，如槐树等。当我们观察到上述物候现象时，树木就开始进入芽开放期了。

玉兰在芽膨大后，绒毛状的外鳞片一层一层地裂开，当见到花蕾顶端的时候，既是芽开放，也是花蕾出现。刺槐在芽裂开后，长出绒毛，并出现绿色，就是芽开放了。

有些树木的芽没有鳞片，如枫杨、红瑞木锈色的裸芽，当出现黄棕色线缝时，就是芽开放了。

有些树木，当芽膨大和芽开放不好分辨时，就只记录芽开放的日期。

二、展叶期

包括对树木展叶始、展叶盛和新叶幕期等物候现象发生期的观测。

1. 展叶始期

当观测的树木上从芽苞中露出卷曲着或按叶脉褶叠着的叶子，发出第一批小叶，即有 1~2 片或者同时有一小批正常展开的叶片时，这棵树就开始进入展叶期了。有些阔叶树种，从芽苞中出露的叶片并未出现卷曲或褶叠，如紫叶小檗等。对于这些树种展叶始的观测标准，宜以第一批小叶露出叶柄，或看出叶片的雏形为准。具有复叶的树木，只要复叶中有 1~2 片小叶平展时，就是开始展叶了。对于针叶树木，展叶始是以幼针突破叶鞘，开始出现针叶的叶尖时为准。

2. 展叶盛期

当观测植株的半数枝条上有小叶片完全平展时，植株进入展叶盛期。对于针叶树木，当新针叶的长度达到老针叶长度的一半时为展叶盛期。

3. 新叶幕期

在展叶盛后至形成夏季浓绿色叶幕之前，当树木各枝条均有较多新叶平展时，从景观上看，此时春季新叶的嫩绿色往往会形成稀薄的新叶幕，为新叶幕形成期，简称新叶幕期。

三、开花期

包括对树木花蕾或花序出现、开花始、开花盛、开花末和第二或多次开花期等物候现象发生期的观测。

1. 花蕾或花序出现期

凡具有单花的树木，以开始露出未展开的花瓣为花蕾出现期；凡具有花序的树木，当开始出现花序雏形时，为花序出现期。有些植物，如杨属植物，花芽鳞片打开后露出的就是花序，但最初露出的花序尚难看出其雏形，因此往往将其称为芽开放，当出露的花序长约 1 厘米时，就可记为花序出现了。

2. 开花始期

在选定的几株同种树木上，最初看见一半以上的植株各有一朵或同时有数朵花的花瓣开始完全开放时，植株开始进入开花始期。如只可观测一株，有一朵或同时有几朵花的花瓣开始完全开放，即开始进入开花始期。针叶类树木开始散出花粉，为开花始期，如松属、柏属、落叶松属等。

杨属、柳属、胡桃属、桦木属、麻栎属、榆属、桑属、白蜡属等属植物进入开花始期，可按照下述特征记录：

（1）柳属：柳属雄株的柔荑花序长出雄蕊，出现黄色花药；柳属雌株的柔荑花序的柱头出现黄绿色时，为进入开花始期。

（2）杨属：杨属始花时，不易看见散出花粉，当花序开始松散下垂时，即视为进入开花始期。

（3）其他属（除杨属、柳属外）：当轻摇树枝或触动花序的时候，雄花序开始散出花粉，即为其进入开花始期。

3. 开花盛期

在观测的植株上，约有一半的花蕾都展开花瓣，或一半的花序散出花粉，或一半的柔荑花序松散下垂（如杨属），即开始进入开花盛期。

在实际观测中，观测者最初可采用目估、抽样统计的方法来判断树木是否进入开花盛期。具体的操作方法是，首先选择对观测植株开花具有代表性的枝条，然后分别采用目估和统计计算的方法，得出该枝条开花的成数，并最终以统计计算结果作为该树木是否达到开花盛期的标准。实际观测发现，最初的目测估计，往往比统计计算得到的开花成数大，这与树木开花后花比花蕾大且醒目有关。对于一名观测者，经过一段时间的目估、抽样统计训练，目估与统计的误差就很小了。此时就可以直接采用目估法进行开花盛期的观测了。

4. 开花末期

在观测的树木上，当只残留有极少数的鲜花时；对于针叶类树木，当即将终止散出花粉时；风媒传粉的树木，其花序即将停止散出花粉，或柔荑花序大部分脱落时，即进入开花末期。

5. 第二次或多次开花期

有时候树木在夏、秋季会有第二次、第三次开花现象，不论是否为选定的观测对象，均须另行记录。在《中国物候观测方法》中，对于出现二次开花树木的记录内容包括以下五项：

（1）树种名称、树龄、树势；

（2）二次开花日期；

（3）二次开花的是个别树还是多数树；

（4）二次开花和没有二次开花的树在生态环境方面有什么不同；

（5）二次开花的树有没有受损伤或病虫害等。

以后还须注意它们是否出现第二次结果实，果实多少，是否成熟。

另有一些树种，如月季花、重瓣棣棠花等，具有一年内能够多次开花的习性。其中有的植物花期间有明显间隔期，有的则几乎是连续的，但从盛花上可看出有几次高峰，应分别加以记录。

四、果实或种子生长发育期

包括对树木果实或种子成熟期和果实或种子脱落期等物候现象发生期的观测。

1. 果实或种子始熟期

当观测的树木上有少量果实或种子变为成熟色时，果实或种子开始进入成熟期。不同类别的果实或种子成熟后的特点是不一样的。球果类松属种子的成熟，是球果变黄褐色；柏属中侧柏的种子成熟是球果变黄绿色。蒴果类果实的成熟是外皮出现黄绿色或褐黄色，外皮尖端开裂，如紫丁香、连翘；或露出白絮，如杨属、柳属。坚果类，如麻栎树，种子的成熟是果壳外皮变硬，并出现褐色。核果、浆果类成熟时是果实变软，并出现该品种的标准颜色。仁果类成熟时，果实出现该品种特有的颜色和口味。荚果类，如刺槐和紫藤等，种子的成熟是荚果变颜色。翅果类，如榆属和白蜡属，果实的成熟是翅果绿色消失，变为黄色或黄褐色。

需要注意的是，有些树木的果实或种子不是当年成熟的，应特别记明。

2. 果实或种子全熟期

当观测植株上绝大部分的果实或种子变为成熟时的颜色且尚未脱落时，为果实或种子的全熟期。此期为树木主要采种期。

3. 果实或种子脱落始期

当第一批果实或种子成熟脱落时，为果实或种子脱落始期。观察过程中，要注意不同种属植物果实或种子成熟后的特点。如松属为种子散布，杨属和柳属为飞絮，榆属和麻栎属为果实或种子脱落等；有些荚果成熟后，果荚裂开，种子脱落。

4. 果实或种子脱落末期

当树木上残留很少的种子或尚未脱落的果实时，进入果实或种子脱落末期。有许多种树木的果实和种子，在当年年终前留在树上未脱落，这样在当年的记录中可写“宿存”。在第二年的记录中，记录这种树木果实在第二年的脱落日期，并要特别注明这是哪年的果实或种子在该年脱落的日期。

五、新梢生长期

树木新梢的生长是从叶芽萌动开始，至枝条停止生长为止。包括对新梢开始生长和结束生长等物候现象发生期的观测。

1. 新梢开始生长期

新梢（或枝条）的生长，分一次梢（习称春梢）、二次梢（习称夏梢或秋梢或副梢）、三次梢（秋梢）。当选定的主枝一年生延长枝（或增加中、短枝）上顶部营养芽（叶芽）开放，即为一次梢（春梢）开始生长的日期。即新梢开始生长日，可视为营养芽的开放日。对于二次梢、三次梢的生长，以一次梢、二次梢的顶芽开放为开始生长。

2. 新梢停止生长期

当所观察的营养枝形成顶芽，或新梢顶端枯黄不再生长（如槐树、丁香等），这个当年生枝就不再继续伸长了，而逐渐形成木质化的成熟枝，此现象即为新梢停止生长。对于二次以上梢，可类推记录。

六、叶秋季变色期

叶秋季变色期强调的是树木在秋季特有的叶变色现象，是指由于正常季节变化，树上出现变色的叶子颜色不再消失，并且有新变色的叶子在增多。因此，观测时不能把因干燥、炎热或其他原因引起的叶变色作为正常的季节性叶变色期。叶秋季变色期包括对叶始变色、叶变色盛和叶全变色等物候现象发生期的观测。

1. 叶始变色期

当观测树木的叶片开始变为秋季特有的颜色，植株开始进入叶始变色期。对于阔叶树种，有些树木叶变色往往沿植物叶脉或前缘，呈浸润状逐步变化。在观测中，当树木叶片出现这种变化时，就可记为叶始变色了。在叶始变色的观测中，应特别注意树木内膛叶片颜色的变化。实际观测发现，这里往往是叶变色出现最早的部位。如果观测者不加以注意，很容易造成叶始变色的物候记录推迟，从而造成误差。

针叶树在秋冬季叶变黄色，是渐渐变的，在刚开始变色时不易察觉，当能看出针叶树已经明显变色的第一天，就作为某种针叶树秋季叶变色的开始日期。

对于有些常绿树种，如冬青卫矛、油松等，每年秋季也有明显的老叶变色现象，也要记录叶始变色。观察发现，一些常绿树种在每年春季至初夏新叶长出后，也会有老叶变黄现象，这应与秋季叶变色分开记录。

2. 叶变色盛期

当观测的植株约有一半左右的叶变色时，从宏观季相上看可用叶色斑斓描述这一现象，此时树木开始进入叶变色盛期。实际观测发现，有些树木叶片在叶变色后很快就脱落了，从宏观季相上看，很难形成叶色斑斓的景观，对于这类树木，该物候现象可以不做记录。

3. 叶全变色期

当观测的植株几乎所有的叶片完全变色时，进入叶全变色期。需要注意的是，对于正常生长的常绿树木，一般没有且不记录叶全变色这一物候现象。

七、落叶期

此处所指的落叶是秋、冬季的自然落叶，而不是因夏季干旱或发生病虫害等原因引起的落叶。对落叶期的观测包括落叶始、落叶盛和落叶末等物候现象发生期的观测。

1. 落叶始期

自然落叶的特征是当无风时树叶落下，或用手轻摇树枝有 3~5 片叶子落下。风吹落叶或叶变色落叶，如叶柄完整，已形成离层，也属自然落叶。当观测的树木秋季开始出现落叶时，进入落叶始期。

2. 落叶盛期

当观测植株上约有半数左右的叶片脱落，开始进入落叶盛期。准确观测该物候现象，应在秋季叶变色之前，了解观测植株叶的生长状况。需要注意的是，常绿树木不记录落叶盛这一物候现象。

3. 落叶末期

当树上的叶片几乎全部脱落，为落叶末期。需要注意的是，对于正常生长的常绿树木，一般没有也不记录落叶末这一物候现象。

若年终时叶尚未脱落，要在第二年落叶时记录落叶始期、盛期和末期的时间，并要特别注明这是哪年的叶子在该年脱落的日期。

如树叶干枯，到年终时还未脱落，留在树上，可在记录中注明“干枯未落”。

如树叶在夏季因干旱等原因发黄散落下来，宜另外记录树叶散落日期，并注明“黄落”。

北京常见树木物候图谱

一、银杏科

1. 银杏（*Ginkgo biloba*）

植株夏态　植株冬态　芽冬态

芽膨大　芽开放　褶叠的小叶与雄球花

展叶　新叶幕

雄球花　雌球花　散粉始

散粉盛

散粉末

受粉后种子的生长与成熟

叶始变色

叶变色盛

叶全变色

雌雄株叶变色差异（雌株叶变色略早）

落叶盛

落叶末

雌雄株落叶差异（雌株落叶略早）

二、松科

2. 雪松（*Cedrus deodara*）

植株夏态

植株冬态

芽冬态

芽膨大

芽开放（展叶始）

展叶盛

新叶达老叶长度

现雄球花

现雌球花

散粉始

散粉盛

散粉末　受粉后的雌球花　越冬的雌球花

次年受精后球果的生长　球果成熟

球果种鳞开裂及种子脱落

叶变色　落叶

（春季及初夏新叶展叶时，老叶有明显的叶变色和落叶）

3. 白杆（*Picea meyeri*）

植株夏态

植株冬态

芽冬态

芽膨大

芽开放

展叶始

展叶盛

现雄球花

现雌球花

雄球花散粉

受粉的雌球花

球果的生长

球果成熟

叶变色

4. 华山松（*Pinus armandii*）

植株夏态

植株冬态

芽冬态

芽膨大

枝条生长

顶芽形成（枝条停止生长）

展叶始

展叶盛

新叶达老叶长度

现雌球花

现雄球花

散粉始

散粉盛

散粉末

雌球花及受粉后的生长变化

越冬的雌球花

次年受精后球果的生长

球果种鳞开裂及种子脱落

叶变色

5. 白皮松（*Pinus bungeana*）

植株夏态　植株冬态　芽冬态　芽膨大

芽开放　展叶始　展叶盛

现雄球花　现雌球花

散粉始

散粉盛

散粉末

受粉后雌球花当年的生长变化

次年受精后球果的生长变化

球果成熟

球果种鳞开裂及种子脱落

树皮脱落

（树皮翘起脱落后呈白绿色，后随着生长变色，由浅绿变为深绿再变为红色，然后翘起脱落）

6. 油松（*Pinus tabuliformis*）

植株夏态 植株冬态

芽冬态 芽膨大 枝条生长

顶芽形成枝条停止生长 展叶始 展叶盛

现雄球花 现雌球花 散粉始

散粉盛

散粉末

受粉后雌球花当年的生长变化

次年受精后球果的生长

球果成熟

球果种鳞开裂及种子脱落

初夏叶变色与落叶
（初夏有明显的叶变色和落叶）

秋季叶变色

三、柏科

7. 圆柏（*Juniperus chinensis*）

植株夏态　植株冬态　雄球花芽冬态

芽膨大　芽开放　展叶始

展叶盛　散粉期的雌雄株　散粉始

散粉盛　散粉末

雌球花

受精后球果当年的生长过程①

受精后球果当年的生长过程②

球果次年的生长与成熟

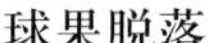
球果脱落

初夏叶变色
（初夏有明显的叶变色和落叶）

秋季叶变色

8. 水杉（*Metasequoia glyptostroboides*）

植株夏态 植株冬态 芽冬态

芽膨大 芽开放 展叶始

展叶盛 新叶幕

秋季时的雄球花序 冬季时的雄球花序

雄球花散粉

雌球花

生于新枝顶部的球果幼果

球果成熟

球果宿存

叶始变色

叶变色盛

叶全变色

落叶盛

落叶末

9. 侧柏（*Platycladus orientalis*）

植株夏态　植株冬态　芽冬态

芽膨大　芽开放

展叶始　展叶盛

雌球花　雄球花

散粉始

散粉盛

散粉末

受粉后的雌球花

受精后球果开始生长

球果夏态

球果成熟

球果种鳞开裂种子脱落

叶变色

四、红豆杉科

10. 粗榧（*Cephalotaxus sinensis*）

植株夏态

植株冬态

芽冬态
（左图为叶芽，右图为花芽）

芽膨大
（左图为叶芽，右图为花芽）

展叶始

展叶盛

新叶幕

雄球花

雌球花

散粉始

散粉末

受粉后的雌球花

受粉后的当年冬季

受粉后的次年春季

次年受精后种子的生长

种子成熟具红色假种皮

成熟的种子与秋梢

11. 矮紫杉（*Taxus cuspidata* var. *umbraculifera*）

植株夏态　植株冬态　芽冬态

芽膨大　芽开放

展叶始　展叶盛

雄球花

散粉

红色肉质假种皮和种子成熟

叶变色
（左图为冬季，右图为春季展新叶后）

五、木兰科

12. 杂交鹅掌楸（*Liriodendron chinense* × *tulipifera*）

植株夏态　植株冬态　芽冬态

芽膨大　芽开放　展叶始

展叶盛　新叶幕　现蕾

花　始花

花盛 花末

幼果 果实成熟 果实宿存

叶始变色 叶变色盛

叶全变色 落叶盛 落叶末

13. 玉兰（*Yulania denudata*）

植株夏态　植株冬态　芽冬态

芽膨大　展叶始

展叶盛　新叶幕　现蕾①

现蕾②　始花

花盛

花末

幼果

果实成熟

种子脱落

叶始变色

叶变色盛

叶全变色

落叶盛

落叶末

六、蜡梅科

14. 蜡梅（*Chimonanthus praecox*）

植株夏态

植株冬态

芽冬态（上图花芽，下图叶芽）

芽膨大（上图花芽，下图叶芽）

叶芽开放

展叶始

展叶盛

新叶幕

现蕾

始花

早花蜡梅品种始花

不同品种花期差异大。在北京，早花蜡梅品种‘十月梅’蜡梅（*C. praecox* ‘Shiyue’）多年平均始花日期为12月6日，最早可在11月上中旬叶未落尽时始花。

花盛

花末

幼果

果实成熟

果实宿存

叶始变色

叶变色盛

叶全变色

落叶盛

落叶末

叶冻青枯
（秋末冬初，受冷空气影响常出现叶冻青枯现象，然后叶脱落）

七、小檗科

15. 日本小檗（*Berberis thunbergii*）

植株夏态 植株冬态

芽冬态 芽膨大 芽开放

展叶始 展叶盛 新叶幕

现花序 花序现蕾 始花

花盛

花末

幼果

果实成熟

叶始变色

叶变色盛

叶全变色

落叶盛

落叶末

叶冻青枯
（秋末冬初，受冷空气影响常出现叶冻青枯现象，然后叶脱落）

16. 紫叶小檗（*Berberis thunbergii* ‘Atropurpurea’）

植株夏态　植株冬态

芽冬态　芽膨大　芽开放

展叶始　展叶盛　新叶幕

现花序　花序现蕾　始花

花盛 花末

幼果 果实成熟 果实宿存

叶始变色 叶变色盛 叶全变色

落叶盛 落叶末

八、悬铃木科

17. 二球悬铃木（*Platanus acerifolia*）

植株夏态　植株冬态　芽冬态

芽膨大（因芽膨大宿存的叶柄被顶开）　芽开放　展叶始

展叶盛　新叶幕　现花序

雄花序开花　雌花序开花　始花

花盛

花末

幼果序

果序成熟

果序宿存

果实脱落
（果实于次年春季脱落）

叶始变色

叶变色盛

叶全变色

落叶盛

落叶末

叶枯存
（部分叶冬季枯存不落，次年春季芽膨大后脱落）

九、黄杨科

18. 黄杨（*Buxus sinica*）

植株夏态 植株冬态 叶芽冬态

花芽冬态 叶芽膨大 花芽膨大 叶芽开放

花芽开放 展叶始 展叶盛

新叶幕 雌花与雄花

始花

花盛

花末

幼果

果实成熟

种子脱落

叶变色
（晚春初夏，老叶有较明显的叶变色和落叶现象）

十、芍药科

19. 牡丹（*Paeonia × suffruticosa*）

植株夏态 植株冬态 芽冬态

芽膨大 芽开放 展叶始

展叶盛 新叶幕

现蕾 始花

花盛

花末

幼果

果实成熟

种子脱落

叶始变色

叶变色盛

落叶盛
（因养护需要，在大量落叶前会人为打落叶片，故一般不会观测到落叶盛和落叶末）

叶全变色

十一、葡萄科

20. 五叶地锦（*Parthenocissus quinquefolia*）

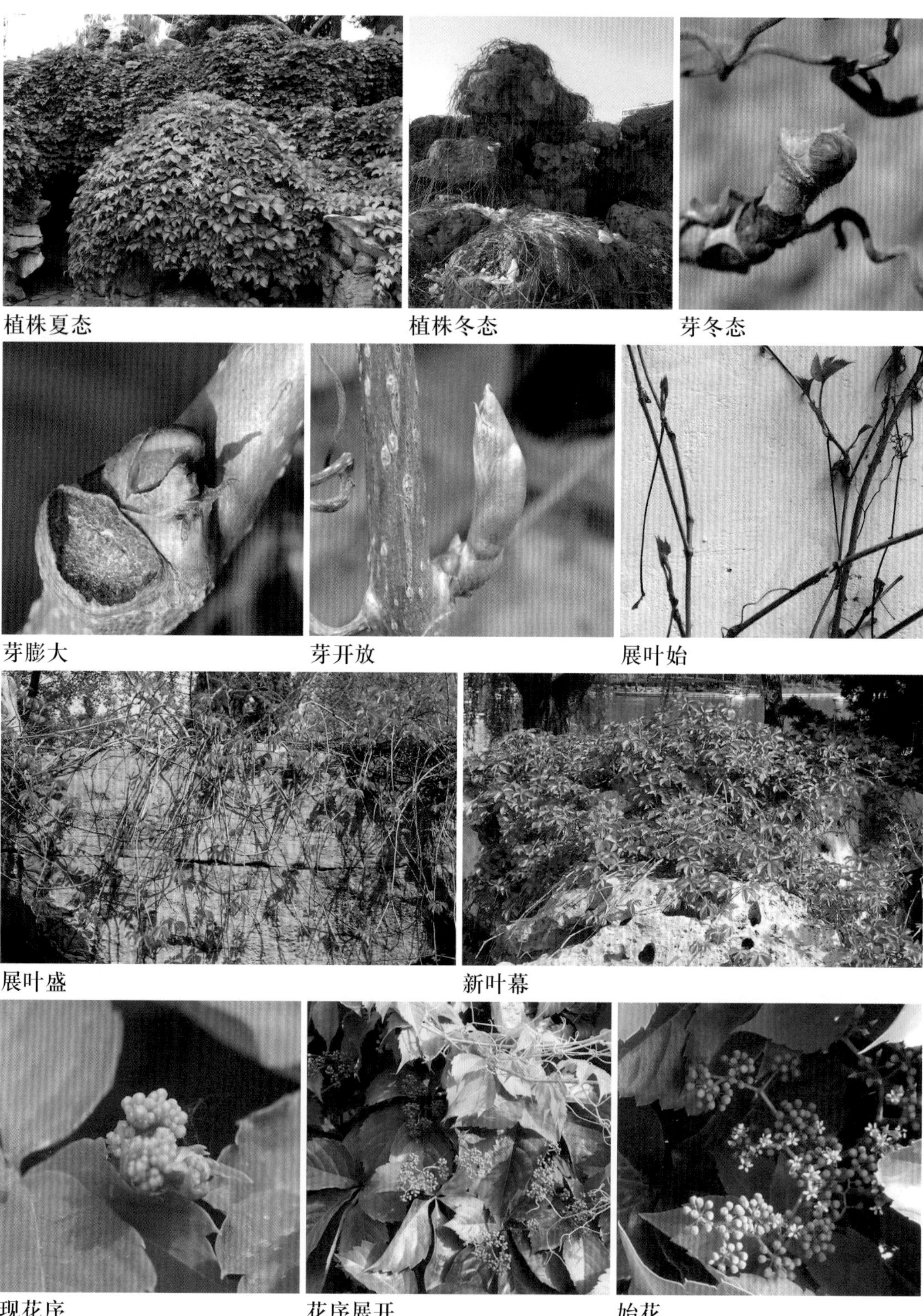

植株夏态　植株冬态　芽冬态

芽膨大　芽开放　展叶始

展叶盛　新叶幕

现花序　花序展开　始花

花盛

花末

幼果

果实成熟

果实宿存

叶始变色

叶变色盛

叶全变色

落叶盛

落叶末

21. 地锦（*Parthenocissus tricuspidata*）

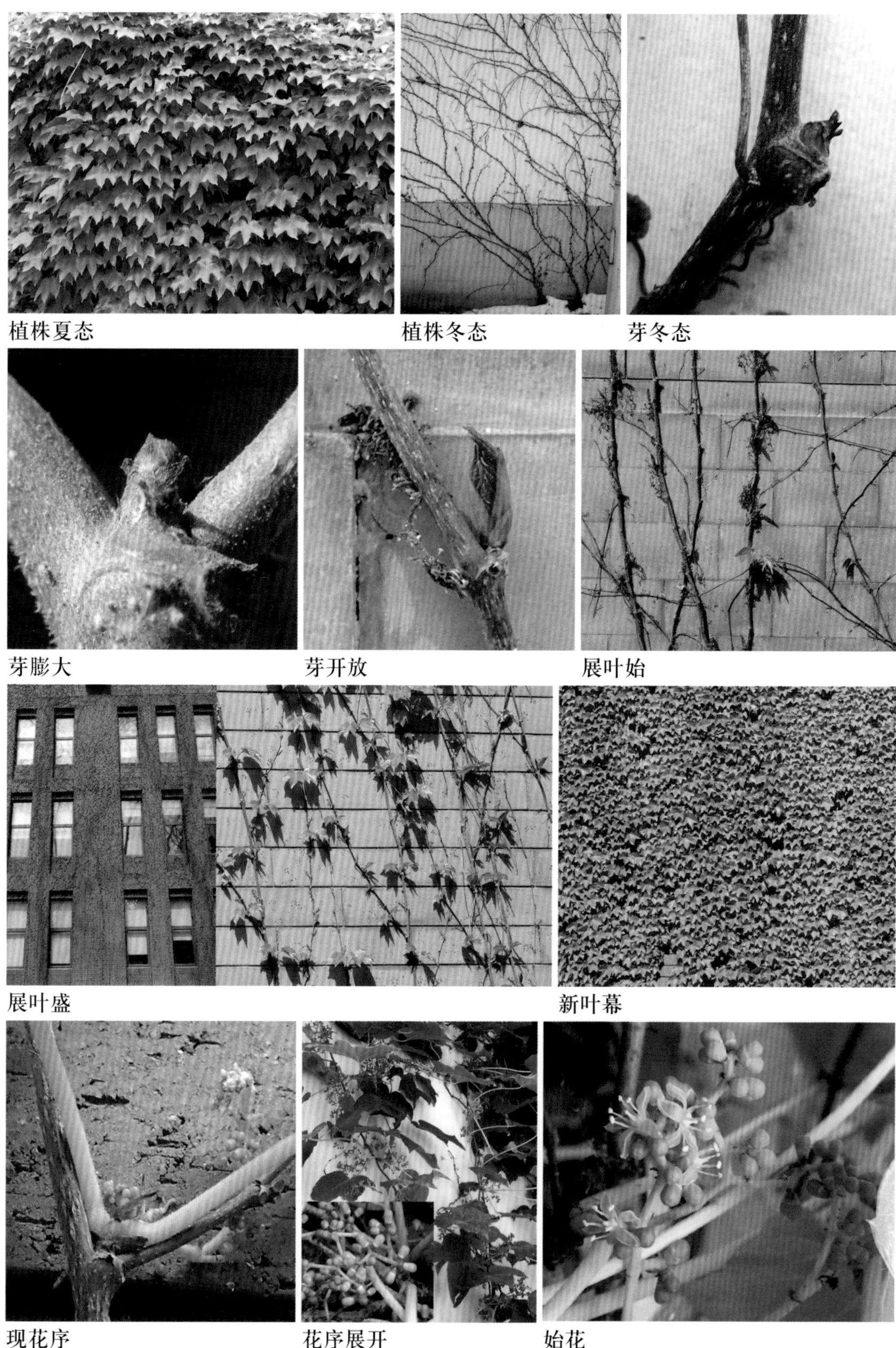
植株夏态　植株冬态　芽冬态
芽膨大　芽开放　展叶始
展叶盛　新叶幕
现花序　花序展开　始花

花盛 花末

幼果 果实始熟 果实全熟

果实宿存 叶始变色 叶变色盛

叶全变色 落叶盛 落叶末

十二、豆科

22. 合欢（*Albizia julibrissin*）

植株夏态　植株冬态　芽冬态

芽膨大　芽开放　展叶始

展叶盛　新叶幕

现花序　花序现蕾

始花　花盛

花末　幼果　果实成熟

叶始变色　叶变色盛

叶全变色　落叶盛　落叶末

23. 紫穗槐（*Amorpha fruticosa*）

植株夏态　植株冬态　芽冬态

芽膨大　芽开放　展叶始

展叶盛　新叶幕

现花序　花序现蕾　始花

花盛 花末

幼果 果实成熟 果实宿存

叶始变色 叶变色盛 叶全变色

落叶盛 落叶末

24. 锦鸡儿（*Caragana sinica*）

植株夏态　植株冬态　芽冬态

芽膨大　芽开放　展叶始

展叶盛　新叶幕

现蕾　始花

花盛
花末
幼果
果实成熟
种子脱落
叶始变色
叶变色盛
叶全变色
落叶盛
落叶末

25. 紫荆（*Cercis chinensis*）

植株夏态　植株冬态　芽冬态

芽膨大　花芽开放　叶芽开放

展叶始　展叶盛　新叶幕

现蕾　始花

花盛

花末

幼果

果实成熟

果实宿存

叶始变色

叶变色盛

叶全变色

叶冻青枯
（秋末冬初，受冷空气影响常出现叶冻青枯现象，然后叶脱落）

落叶盛

落叶末

26. 皂荚（*Gleditsia sinensis*）

植株夏态 植株冬态 芽冬态 芽膨大

芽开放 展叶始 展叶盛

新叶幕 现花序 花序伸展

始花 花盛

花末 幼果 果实成熟

果实宿存 叶始变色 叶变色盛

叶全变色 落叶盛 落叶末

春季新生枝刺 当年生枝刺秋色

（皂荚新生枝刺颜色有明显的季节变化）

老枝刺

27. 刺槐（*Robinia pseudoacacia*）

植株夏态　植株冬态　芽冬态

芽膨大　芽开放　展叶始

展叶盛　新叶幕　现花序

花序现蕾　始花

花盛

花末

幼果

果实成熟

果实宿存

初夏叶变黄
（初夏常出现少量叶变黄脱落现象）

叶始变色

叶变色盛

叶全变色

落叶盛

落叶末

28. 槐（*Styphnolobium japonicum*）

植株夏态　植株冬态

芽冬态　芽膨大　芽开放

展叶始　展叶盛　新叶幕

现花序　花序现蕾　始花

花盛 花末

幼果 果实成熟 果实宿存

叶始变色 叶变色盛 叶全变色

落叶盛 落叶末

29. 紫藤（*Wisteria sinensis*）

植株夏态 植株冬态 芽冬态

芽膨大 芽开放 展叶始

展叶盛 新叶幕 现花序

花序现蕾 始花

花盛

花末

幼果

果实成熟

果实宿存

叶始变色

叶变色盛

叶全变色

落叶盛

落叶末

十三、蔷薇科

30. 贴梗海棠（*Chaenomeles speciosa*）

植株夏态　植株冬态

芽冬态　芽膨大　芽开放

展叶始　展叶盛　新叶幕

现蕾　始花

花盛

花末

幼果

果实成熟

叶始变色

叶变色盛

叶全变色

落叶盛

落叶末

31. 平枝栒子（*Cotoneaster horizontalis*）

植株夏态　植株冬态

芽冬态　芽膨大　芽开放

展叶始　展叶盛　新叶幕

现蕾　始花

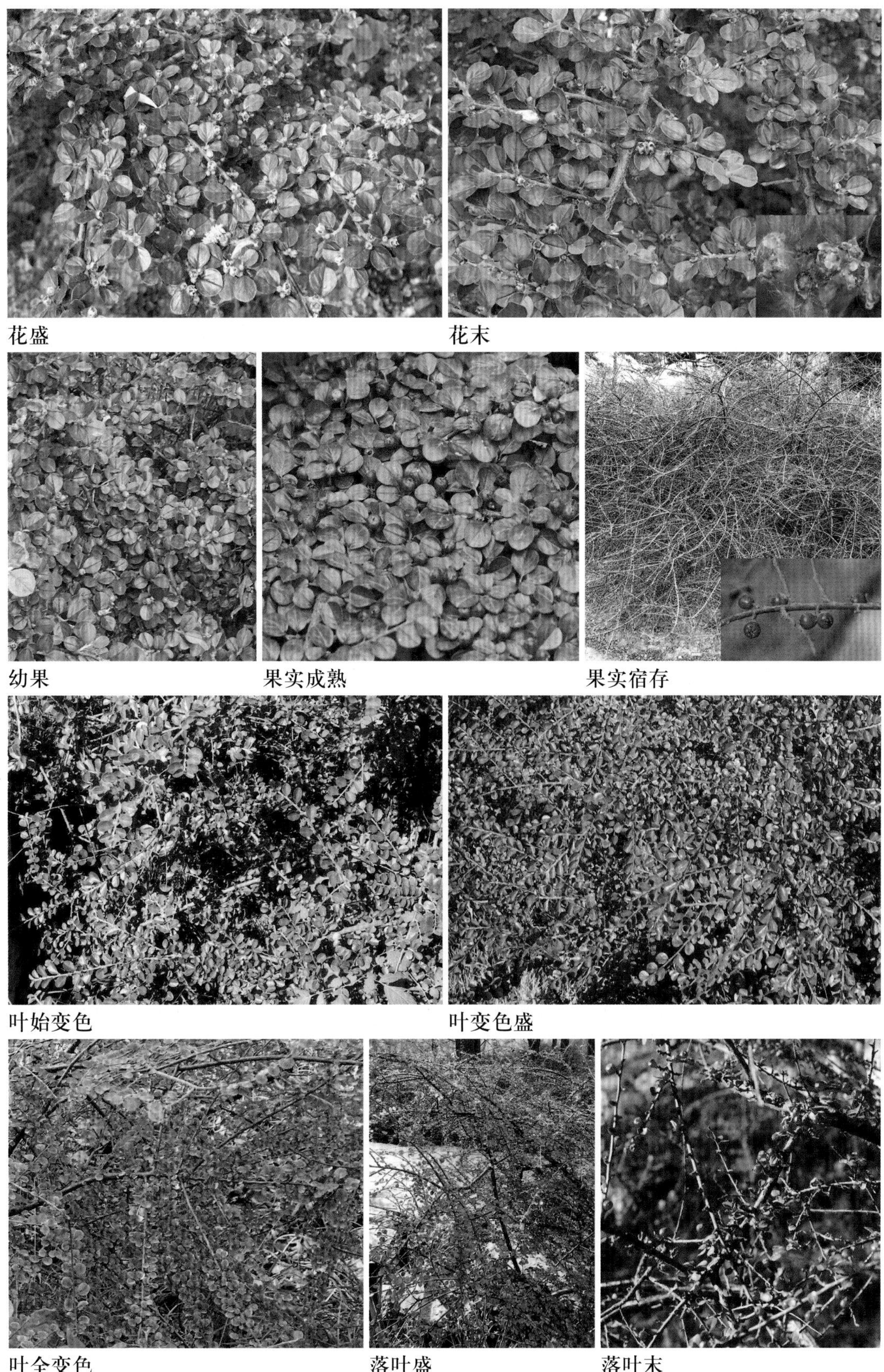

花盛 花末

幼果 果实成熟 果实宿存

叶始变色 叶变色盛

叶全变色 落叶盛 落叶末

32. 水栒子（*Cotoneaster multiflorus*）

植株夏态　植株冬态

芽冬态　芽膨大　芽开放

展叶始　展叶盛　新叶幕

现花序　花序现蕾

始花 花盛

花末 幼果 果实成熟

叶始变色 叶变色盛 叶全变色

落叶盛 落叶末

33. 山楂（*Crataegus pinnatifida*）

植株夏态　植株冬态　芽冬态

芽膨大　芽开放　展叶始

展叶盛　新叶幕

现花序　花序现蕾　始花

花盛

花末

幼果

果实成熟

果实脱落

叶始变色

叶变色盛

叶全变色

落叶盛

落叶末

34. 重瓣棣棠花（*Kerria japonica* f. *pleniflora*）

植株夏态

植株冬态

芽冬态

芽膨大

芽开放

展叶始

展叶盛

新叶幕

现蕾

始花

花盛

花末

二次开花
（春季花后有多次开花现象，花期可延续到秋末）

棣棠花（*K. japonica*）开花
（花期略早于重瓣棣棠花，部分植株夏秋季有二次开花现象）

叶始变色

叶变色盛

叶全变色

落叶盛

落叶末

叶冻青枯
（秋末冬初，受冷空气影响常出现叶冻青枯现象，然后叶脱落）

35. 山荆子（*Malus baccata*）

植株夏态　植株冬态　芽冬态

芽膨大　芽开放　展叶始

展叶盛　新叶幕

花序现蕾　始花

花盛　花末

幼果　果实成熟　果实宿存

叶始变色　叶变色盛

叶全变色　落叶盛　落叶末

36. 现代海棠（*Malus* cvs）

植株夏态　植株冬态　芽冬态

芽膨大　芽开放　展叶始

展叶盛　新叶幕　现花序

花序现蕾　始花

花盛

花末

二次开花
（‘凯尔斯’海棠有二次开花现象）

幼果

果实成熟

果实宿存

叶始变色

叶变色盛

叶全变色

落叶盛

落叶末

37. 垂丝海棠（*Malus halliana*）

植株夏态　植株冬态　芽冬态

芽膨大　芽开放　展叶始

展叶盛　新叶幕　现花序

花序现蕾　始花

花盛

花末

幼果

果实成熟

叶始变色

叶变色盛

叶全变色

落叶盛

落叶末

38. 西府海棠（*Malus × micromalus*）

植株夏态　植株冬态　芽冬态

芽膨大　芽开放　展叶始

展叶盛　新叶幕

现花序　花序现蕾

始花 花盛

花末 果实成熟

叶始变色 叶变色盛 叶全变色

落叶盛 落叶末

39. 风箱果（*Physocarpus amurensis*）

植株夏态 植株冬态 芽冬态

芽膨大 芽开放 展叶始

展叶盛 新叶幕 现花序

花序现蕾 始花

花盛

花末

二次开花
（部分植株夏秋季有二次开花现象）

幼果

果实成熟

果实宿存

叶始变色

叶变色盛

叶全变色

落叶盛

落叶末

40. 东北扁核木（*Prinsepia sinensis*）

植株夏态 植株冬态 芽冬态

芽膨大 芽开放

展叶始 展叶盛 新叶幕

现蕾 始花

花盛

花末

幼果

果实成熟

叶始变色

叶变色盛

叶全变色

落叶盛

落叶末

41. 杏（*Prunus armeniaca*）

植株夏态　植株冬态

芽冬态　芽膨大　芽开放

展叶始　展叶盛　新叶幕

现蕾　始花

花盛

花末

幼果

果实成熟

叶始变色

叶变色盛

叶全变色

落叶盛

落叶末

42. 美人梅（*Prunus* × *blireana* 'Meiren'）

植株夏态　植株冬态　芽冬态

芽膨大　芽开放　展叶始

展叶盛　新叶幕　现蕾

始花　花盛

花盛

花末

幼果

果实成熟

叶始变色

叶变色盛

叶全变色

落叶盛

落叶末

43. 紫叶李（*Prunus cerasifera* 'Atropurpurea'）

植株夏态 植株冬态 芽冬态

芽膨大 芽开放 展叶始

展叶盛 新叶幕 现蕾

始花

花盛

花末

幼果

果实成熟

叶始变色

叶变色盛

叶全变色

落叶盛

落叶末

44. 紫叶矮樱（*Prunus* × *cistena*）

植株夏态　植株冬态　芽冬态

芽膨大　芽开放　展叶始

展叶盛　新叶幕

现蕾　始花

花盛

花末

叶始变色

叶变色盛

叶全变色

落叶盛

落叶末

45. 山桃（*Prunus davidiana*）

植株夏态　植株冬态　芽冬态

芽膨大　芽开放

展叶始　展叶盛　新叶幕

现蕾　始花

花盛

花末

幼果

果实成熟

叶始变色

叶变色盛

叶全变色

落叶盛

落叶末

46. 白花山碧桃（*Prunus davidiana* 'Albo-plena'）

植株夏态　植株冬态　芽冬态

芽膨大　芽开放　展叶始

展叶盛　新叶幕　现蕾

始花

花盛

花末

果实
（较少见到植株结果）

叶始变色

叶变色盛

叶全变色

落叶盛

落叶末

47. 麦李（*Prunus glandulosa*）

植株夏态

植株冬态

芽冬态

芽膨大

芽开放

展叶始

展叶盛

新叶幕

现蕾

始花
（单瓣花期略早于重瓣）

花盛

花末

幼果

果实成熟

叶始变色

叶变色盛

叶全变色

落叶盛

落叶末

48. 梅（*Prunus mume*）

植株夏态　植株冬态　芽冬态

芽膨大　芽开放

展叶始　展叶盛　新叶幕

现蕾　始花

花盛

花末

幼果

果实成熟

叶始变色

叶变色盛

叶全变色

落叶盛

落叶末

49. 稠李（*Prunus padus*）

植株夏态　植株冬态　芽冬态

芽膨大　芽开放　展叶始

展叶盛　新叶幕　现花序

花序现蕾　始花

花盛

花末

幼果

紫叶稠李 (*P. virginiana* ‘Canada red’) 果实成熟

叶始变色

叶变色盛

叶全变色

紫叶稠李初夏叶变紫红色

落叶盛

落叶末

50. 碧桃（*Prunus persica* 'Duplex'）

植株夏态
植株冬态
芽冬态
芽膨大
芽开放
展叶始
展叶盛
新叶幕
现蕾
始花

花期早的紫叶桃
（紫叶桃 ‘Atropurpurea’ 花期早于碧桃，特别是单瓣品种，花期更早）

花盛

花末

幼果

果实成熟

叶始变色

叶变色盛

叶全变色

落叶盛

落叶末

51. 李（*Prunus salicina*）

植株夏态 植株冬态 芽冬态

芽膨大 芽开放 展叶始

展叶盛 新叶幕

现花序 花序现蕾

始花 花盛

花末 幼果

果实成熟 叶始变色

叶变色盛 落叶盛 落叶末

52. 毛樱桃（*Prunus tomentosa*）

植株夏态 植株冬态 芽冬态

芽膨大 芽开放 展叶始

展叶盛 新叶幕

现蕾 始花

花盛

花末

幼果

果实成熟

叶始变色

叶变色盛

叶全变色

落叶盛

落叶末

53. 重瓣榆叶梅（*Prunus triloba* 'Multiplex'）

植株夏态　植株冬态　芽冬态

芽膨大　芽开放　展叶始

展叶盛　新叶幕

现蕾　榆叶梅（*P. triloba*）始花（花期略早于重瓣榆叶梅）

始花 花盛

花末 幼果 果实成熟

叶始变色 叶变色盛

叶全变色 落叶盛 落叶末

54. 东京樱花（*Prunus × yedoensis*）

植株夏态　植株冬态　芽冬态

芽膨大　芽开放　展叶始

展叶盛　新叶幕

现花序　花序现蕾　始花

花盛

花末　幼果　果实成熟

叶始变色　叶变色盛

叶全变色　落叶盛　落叶末

55. 白梨（*Pyrus bretschneideri*）

植株夏态 植株冬态 芽冬态

芽膨大 芽开放 展叶始

展叶盛 新叶幕 现花序

花序现蕾 始花

花盛

花末

幼果

果实成熟

叶始变色

叶变色盛

叶全变色

落叶盛

落叶末

56. 鸡麻（*Rhodotypos scandens*）

植株夏态 植株冬态 芽冬态

芽膨大 芽开放 展叶始

展叶盛 新叶幕

现蕾 始花

花盛

花末

幼果

果实成熟

果实宿存

叶始变色

叶变色盛

叶全变色

落叶盛

落叶末

叶冻青枯
（秋末冬初，受冷空气影响常出现叶冻青枯现象，然后叶脱落）

57. 月季花（*Rosa chinensis*）

植株夏态　植株冬态

芽冬态　芽膨大　芽开放

展叶始　展叶盛

新叶幕　现蕾　始花

花盛

花末

仲秋时节仍在开花的月季花
（一年中多次开花）

幼果

果实成熟

叶始变色

叶变色盛

叶全变色

落叶盛

落叶末

叶冻青枯
（秋末冬初，受冷空气影响常出现叶冻青枯现象）

58. 七姊妹（*Rosa multiflora* var. *carnea*）

植株夏态 植株冬态

芽冬态 芽膨大 芽开放

展叶始 展叶盛 新叶幕

现花序 花序现蕾 始花

花盛

花末

幼果

果实成熟

果实宿存

叶始变色

叶变色盛

叶全变色

落叶盛

落叶末

59. 玫瑰（*Rosa rugosa*）

植株夏态　植株冬态

芽冬态　芽膨大　芽开放

展叶始　展叶盛　新叶幕

现蕾　始花

花盛

花末

二次开花
（部分植株有二次开花现象）

幼果

果实成熟

叶始变色

叶变色盛

叶全变色

落叶盛

落叶末

60. 黄刺玫（*Rosa xanthina*）

植株夏态　植株冬态　芽冬态

芽膨大　芽开放　展叶始

展叶盛　新叶幕

现蕾　始花

（单瓣黄刺玫 *R. xanthina* f. *normalis* 花期略早）

花盛

花末

幼果
（仅见单瓣黄刺玫结果）

果实成熟

叶始变色

叶变色盛

叶全变色

落叶盛

落叶末

61. 华北珍珠梅（*Sorbaria kirilowii*）

植株夏态　植株冬态　芽冬态

芽膨大　芽开放　展叶始

展叶盛　新叶幕　现花序

花序现蕾　始花

花盛

花末

二次开花
（有二次开花现象，花期可持续到9月）

幼果

果实成熟

果实宿存

叶始变色

叶变色盛

叶全变色

落叶盛

落叶末

62. 粉花绣线菊（*Spiraea japonica*）

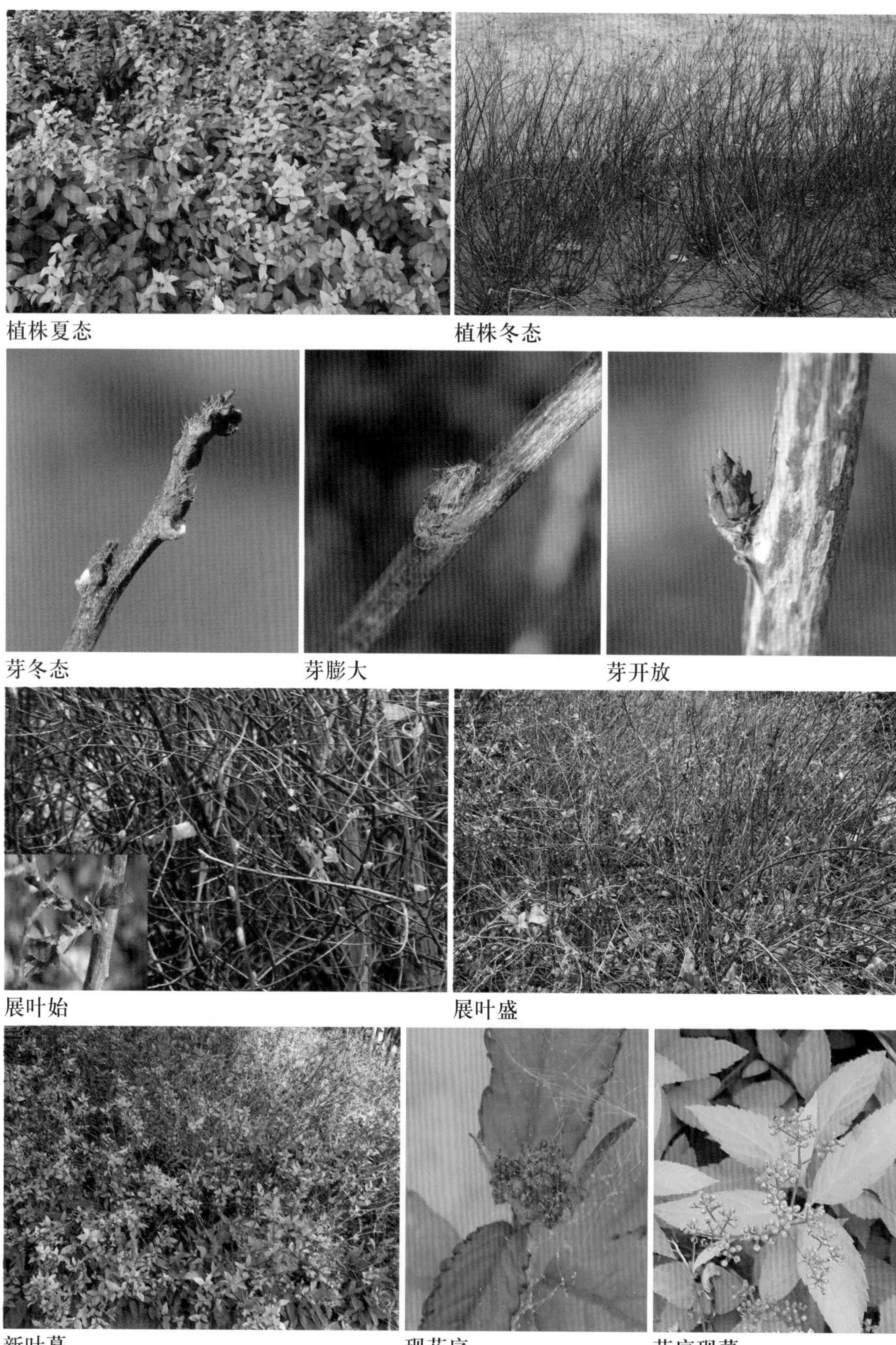

植株夏态　植株冬态

芽冬态　芽膨大　芽开放

展叶始　展叶盛

新叶幕　现花序　花序现蕾

始花

花盛

花末

叶始变色

叶变色盛

叶全变色

落叶盛

落叶末

63. 三裂绣线菊（*Spiraea trilobata*）

植株夏态 植株冬态 芽冬态

芽膨大 芽开放 展叶始

展叶盛 新叶幕

现花序 花序现蕾 始花

花盛 花末

幼果 果实成熟 果实宿存

叶始变色 叶变色盛 叶全变色

落叶盛 落叶末

十四、鼠李科

64. 枣（*Ziziphus jujuba*）

植株夏态 植株冬态 芽冬态

芽膨大 叶芽开放 展叶始

展叶盛 新叶幕

现花序 始花

花盛 花末

幼果 果实始熟 果实全熟

叶始变色 叶变色盛

叶全变色 落叶盛 落叶末

十五、榆科

65. 榆树（*Ulmus pumila*）

植株夏态 植株冬态 芽冬态

芽膨大 芽开放 展叶始

展叶盛 新叶幕

现蕾 始花

花盛

花末

幼果

果实成熟

叶始变色

叶变色盛

叶全变色

落叶盛

落叶末

十六、大麻科

66. 黑弹树（*Celtis bungeana*）

植株夏态　植株冬态

芽冬态　芽膨大　芽开放

展叶始　展叶盛　新叶幕

现花序　始花

花盛
花末
幼果
果实成熟
叶始变色
叶变色盛
叶全变色
落叶盛
落叶末

67. 青檀（*Pteroceltis tatarinowii*）

植株夏态　植株冬态　芽冬态

芽膨大　芽开放　展叶始

展叶盛　新叶幕　雄花

雌花　始花

花盛

花末

幼果

果实成熟

叶始变色

叶变色盛

叶全变色

落叶盛

落叶末

十七、桑科

68. 构树（*Broussonetia papyrifera*）

植株夏态

植株冬态

芽冬态

芽膨大

芽开放

展叶始

展叶盛

新叶幕

现雄花序

雌花序开花 雄花序开花 始花 花盛

花末 幼果序 果序成熟

叶始变色 叶变色盛 叶全变色

落叶盛 落叶末

69. 柘（*Maclura tricuspidata*）

植株夏态 植株冬态 芽冬态

芽膨大 芽开放 展叶始

展叶盛 新叶幕

现花序 始花

花盛

花末

果序成熟

叶始变色

叶变色盛

落叶盛

落叶末

70. 桑（*Morus alba*）

植株夏态　植株冬态　芽冬态

芽膨大　芽开放　展叶始

展叶盛　新叶幕

现雄花序　雄花序始花　雌花序始花

花盛

花末

幼果序

果序成熟

果序脱落

叶始变色

叶变色盛

叶全变色

落叶盛

落叶末

叶冻青枯
（龙桑'Tortuosa'，秋末冬初，受冷空气影响常出现叶冻青枯现象，然后叶脱落）

十八、壳斗科

71. 槲栎（*Quercus aliena*）

植株夏态　植株冬态　芽冬态

芽膨大　芽开放　展叶始

展叶盛　新叶幕

雄花序　雌花序　始花

花盛　花末

幼果　果实成熟　果实脱落

叶始变色　叶变色盛

叶全变色　落叶盛　落叶末

十九、胡桃科

72. **胡桃**（*Juglans regia*）

植株夏态

植株冬态

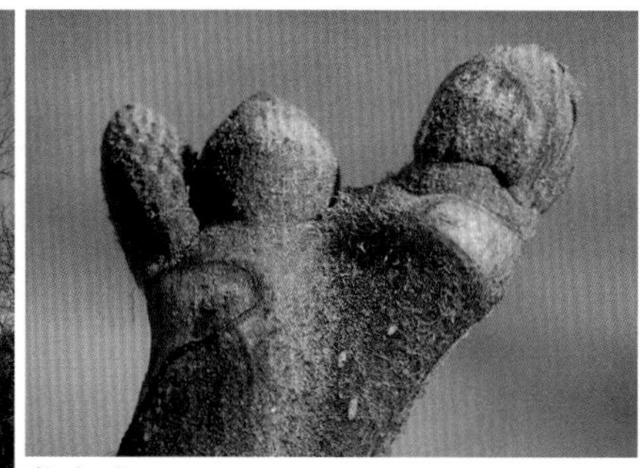
芽冬态
（雄花芽为裸芽）

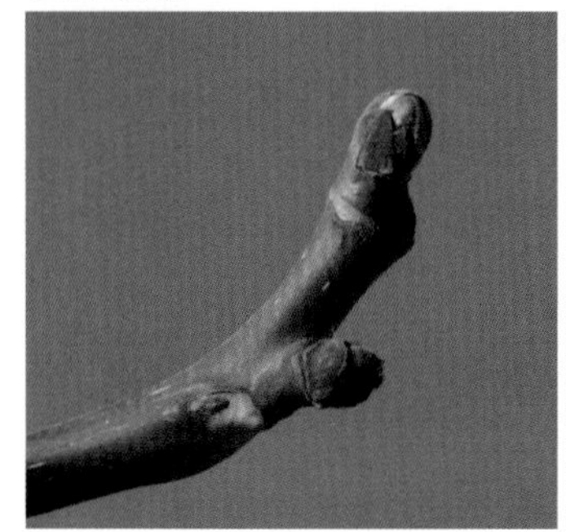
芽膨大

芽开放

展叶始

展叶盛

新叶幕

雄花序勾头
（花序继续生长开始向下弯曲）

雌花

始花

花盛

花末

幼果

果实成熟

叶始变色

叶变色盛

叶全变色

落叶盛

落叶末

73. 枫杨（*Pterocarya stenoptera*）

植株夏态
植株冬态
芽冬态
芽开放
展叶始
展叶盛
新叶幕
雄花序勾头
（花序继续生长开始向下弯曲）
雌、雄花序
始花

花盛

花末

幼果

果实成熟

果实脱落

叶始变色

叶变色盛

叶全变色

落叶盛

落叶末

二十、桦木科

74. 白桦（*Betula platyphylla*）

植株夏态　植株冬态　芽冬态及雄花序冬态

芽膨大　芽开放　展叶始

展叶盛　新叶幕　现雌花序　次年散粉雄花序的形成

散粉始的雄花序与雌花序　雄花序散粉盛

幼果序　果实成熟　果序宿存

果实脱落

叶始变色　叶变色盛　叶全变色

落叶盛　落叶末

二十一、卫矛科

75. 南蛇藤（*Celastrus orbiculatus*）

植株夏态　植株冬态

芽冬态　芽膨大　芽开放

展叶始　展叶盛

新叶幕　现花序　始花

花盛 花末

幼果 果实成熟 果实宿存

叶始变色 叶变色盛 叶全变色

落叶盛 落叶末

76. 冬青卫矛（*Euonymus japonicus*）

植株夏态　植株冬态

芽冬态　芽膨大　芽开放

展叶始　展叶盛

新叶幕　现花序

花序现蕾

始花

花盛

花末

幼果

果实成熟

种子脱落

晚春、初夏叶变色
（晚春初夏有老叶变黄、落叶现象）

叶秋季变色

77. 白杜（*Euonymus maackii*）

植株夏态 植株冬态 芽冬态 芽膨大
芽开放 展叶始 展叶盛
新叶幕 现花序 花序现蕾 始花
花盛 花末

幼果

果实成熟

果实开裂

果实宿存

叶始变色

叶变色盛

叶全变色

叶全变色
（大部分植株秋季叶会变为黄色，但也有少量植株叶变色偏红）

落叶盛

落叶末

78. 栓翅卫矛（*Euonymus phellomanus*）

植株夏态 植株冬态

芽冬态 芽膨大 芽开放

展叶始 展叶盛 新叶幕

现花序 始花

花盛

花末

果实成熟

叶始变色

叶变色盛

叶全变色

落叶盛

落叶末

二十二、杨柳科

79. 加杨（*Populus × canadensis*）

植株夏态 植株冬态 芽冬态

芽膨大 芽开放 展叶始

展叶盛 新叶幕

现花序 花序勾头（花序继续生长开始向下弯曲） 始花

花盛

花末

果序

果实开裂（飞絮）

叶始变色

叶变色盛

叶全变色

落叶盛

落叶末

80. 毛白杨（*Populus tomentosa*）

植株夏态　植株冬态　芽冬态　花芽膨大

叶芽膨大　花芽开放　雄株叶芽开放　雌株叶芽开放

雄株展叶始　雌株展叶始　雄株展叶盛　雌雄株展叶差异（雌株展叶一般略早于雄株）

雄株新叶幕　雌株新叶幕　现花序　花序勾头（花序继续生长开始向下弯曲）　雄花序开花　雌花序开花

始花　花盛　花末

幼果序　果实成熟　飞絮始　飞絮盛　飞絮末

叶始变色

叶变色盛　叶全变色

（在北京，毛白杨的叶子总是随着变色不断脱落，或被冻青枯后脱落，很少能观察到叶变色盛和叶全变色）

落叶盛　落叶末

叶冻青枯

（秋末冬初，受冷空气影响常出现叶冻青枯现象，然后叶脱落）

81. 旱柳（*Salix matsudana*）

植株夏态　植株冬态　芽冬态

芽膨大　芽开放　展叶始

展叶盛　新叶幕　现花序

雄花序现花药　雌花序开花　雄花序开花

始花 花盛 花末

幼果序 飞絮始 飞絮盛 飞絮末

叶始变色 叶变色盛 叶全变色

落叶盛 落叶末

叶冻青枯
（秋末冬初，受冷空气影响常出现叶冻青枯现象，然后叶脱落）

二十三、千屈菜科

82. 紫薇（*Lagerstroemia indica*）

植株夏态 植株冬态 芽冬态

芽膨大 芽开放 展叶始

展叶盛 新叶幕 现花序

花序现蕾 始花

花盛

花末

幼果

果实成熟

果实宿存

叶始变色

叶变色盛

叶全变色

落叶盛

落叶末

83. 石榴（*Punica granatum*）

植株夏态　植株冬态　芽冬态

芽膨大　芽开放　展叶始

展叶盛　新叶幕

现蕾　始花

花盛

花末

幼果

果实成熟

叶始变色

叶变色盛

叶全变色

落叶盛

落叶末

二十四、漆树科

84. 黄栌（红叶）（*Cotinus coggygria* var. *cinerea*）

植株夏态　植株冬态　芽冬态

芽膨大　芽开放　展叶始

展叶盛　新叶幕　现花序

始花　花盛

花末

不孕性花梗
（结果时，果序上有许多紫红色羽毛状不孕性花梗）

幼果

果实成熟

叶始变色

叶变色盛

叶全变色

落叶盛

落叶末

85. 火炬树（*Rhus typhina*）

植株夏态 植株冬态 芽冬态

芽膨大 芽开放 展叶始

展叶盛 新叶幕

现花序 雄花序开花 雌花序开花

始花　花盛

花末　幼果序　果序成熟

果序宿存　叶始变色　叶变色盛

叶全变色　落叶盛　落叶末

二十五、无患子科

86. 银红槭（*Acer × freemanii*）

植株夏态　植株冬态　芽冬态　树液流动

芽膨大（左图为叶芽，右图为花序芽）　芽开放（左图为叶芽，右图为花序芽）

展叶始　展叶盛

新叶幕　单雄花序和两性花序　始花

花盛

花末

幼果

果实成熟

叶始变色

叶变色盛

叶全变色

落叶盛

落叶末

87. 梣叶槭（*Acer negundo*）

植株夏态　植株冬态　芽冬态

芽膨大　芽开放　展叶始

展叶盛　新叶幕　现雄花序

现雌花序　始花

花盛

花末

幼果

果实成熟

果实宿存

叶始变色

叶变色盛

叶全变色

落叶盛

落叶末

88. 鸡爪槭（*Acer palmatum*）

植株夏态　植株冬态　芽冬态

芽膨大　芽开放　展叶始

展叶盛　新叶幕

现花序　始花

花盛

花末

幼果

果实成熟

叶始变色

叶变色盛

叶全变色

落叶盛

落叶末

89. 茶条槭（*Acer tataricum* subsp. *ginnala*）

植株夏态 植株冬态 芽冬态

芽膨大 芽开放

展叶始 展叶盛 新叶幕

现花序 始花

花盛 花末

幼果 果实成熟 果实宿存

叶始变色 叶变色盛

叶全变色 落叶盛 落叶末

90. 元宝槭（*Acer truncatum*）

植株夏态　植株冬态　芽冬态

树液流动　芽膨大　芽开放

展叶始　展叶盛

新叶幕　现花序　始花

花盛 花末

幼果 果实成熟 果实脱落 果实宿存

叶始变色 叶变色盛 叶全变色

落叶盛 落叶末

91. 七叶树（*Aesculus chinensis*）

植株夏态　植株冬态　芽冬态

芽膨大　芽开放　展叶始

展叶盛　新叶幕　现花序

花序现蕾　始花

花盛

花末

幼果

果实成熟

叶始变色

叶变色盛

叶全变色

落叶盛

落叶末

92. 栾树（*Koelreuteria paniculata*）

植株夏态　植株冬态　芽冬态

芽膨大　芽开放　展叶始

展叶盛　新叶幕

现花序　花序现蕾　始花

花盛

花末

栾树花期差异
（不同植株花期差异大，从 5 月底至 8 月先后进入始花期）

幼果

果实始熟

果实全熟

果实宿存

叶始变色

叶变色盛

叶全变色

落叶盛

落叶末

93. 文冠果（*Xanthoceras sorbifolium*）

植株夏态 植株冬态 芽冬态

芽膨大 芽开放 展叶始

展叶盛 新叶幕

现花序 花序现蕾 始花

花盛

花末

幼果

果实成熟

种子脱落

叶始变色

叶变色盛

叶全变色

落叶盛

落叶末

二十六、芸香科

94. 枳（*Citrus trifoliata*）

植株夏态 植株冬态 芽冬态

芽膨大 芽开放 展叶始

展叶盛 新叶幕

现蕾 始花 花盛

花末

幼果

果实始熟

果实全熟

叶始变色

叶变色盛

叶全变色

落叶盛

落叶末

95. 黄檗（*Phellodendron amurense*）

植株夏态　植株冬态　芽冬态

芽膨大　芽开放　展叶始

展叶盛　新叶幕　现花序

雌花序开花　雄花序开花　始花

花盛

花末

幼果

果实成熟

叶始变色

叶变色盛

叶全变色

落叶盛

落叶末

96. 花椒（*Zanthoxylum bungeanum*）

植株夏态　植株冬态　芽冬态

芽膨大　芽开放　展叶始

展叶盛　新叶幕　现花序

始花　花盛　花末

幼果

果实成熟

种子脱落

种子脱落果皮宿存

叶始变色

叶变色盛

叶全变色

落叶盛

落叶末

二十七、苦木科

97. 臭椿（*Ailanthus altissima*）

植株夏态　植株冬态　芽冬态

芽膨大　芽开放　展叶始

展叶盛　新叶幕　现花序

花序现蕾　雄花　两性花

始花　花盛　花末

幼果　果实成熟　果实宿存

叶始变色　叶变色盛　叶全变色

落叶盛　落叶末

二十八、楝科

98. 香椿（*Toona sinensis*）

植株夏态　植株冬态　芽冬态

芽膨大　芽开放　展叶始

展叶盛　新叶幕

现花序　花序现蕾　始花

花盛 花末
幼果 果实成熟 果实宿存
叶始变色 叶变色盛 叶全变色
落叶盛 落叶末

二十九、锦葵科

99. 梧桐（*Firmiana simplex*）

植株夏态　植株冬态　芽冬态

芽膨大　芽开放　展叶始

展叶盛　新叶幕

现花序　花序现蕾　始花

花盛

花末

果实开裂

果实成熟

果实宿存

叶始变色

叶变色盛

叶全变色

落叶盛

落叶末

叶冻青枯
（秋末冬初，受冷空气影响常出现叶冻青枯现象，然后叶脱落）

100. 扁担杆（*Grewia biloba*）

植株夏态　植株冬态

芽冬态　芽膨大　芽开放

展叶始　展叶盛　新叶幕

现花序　花序现蕾

花盛

花末

幼果

果实成熟

果实宿存

果实开裂种子脱落

叶始变色

叶变色盛

叶全变色

落叶盛

落叶末

102. 蒙椴（*Tilia mongolica*）

植株夏态　植株冬态　芽冬态

芽膨大　芽开放　展叶始

展叶盛　新叶幕

现花序　花序展开　始花

花盛

花末

幼果

果实成熟

叶始变色

叶变色盛

叶全变色

落叶盛

落叶末

三十、绣球花科

103. 太平花（*Philadelphus pekinensis*）

植株夏态　植株冬态　芽冬态

芽膨大　芽开放　展叶始

展叶盛　新叶幕

现花序　花序现蕾　始花

花盛 花末

幼果 果实成熟 果实宿存

叶始变色 叶变色盛 叶全变色

落叶盛 落叶末

三十一、山茱萸科

104. 红瑞木（*Cornus alba*）

植株夏态

植株冬态

芽冬态

芽开放

展叶始

展叶盛

新叶幕

现花序

花序现蕾

始花

花盛

花末

二次开花
（部分植株在夏秋季有二次开花现象）

幼果

果实成熟

叶始变色

叶变色盛

叶全变色

落叶盛

落叶末

105. 山茱萸（*Cornus officinalis*）

植株夏态 植株冬态 芽冬态

芽膨大 芽开放 展叶始

展叶盛 新叶幕

现花序 始花

花盛
花末
幼果
果实成熟
果实宿存
叶始变色
叶变色盛
叶全变色
落叶盛
落叶末

106. 毛梾（*Cornus walteri*）

植株夏态　植株冬态　芽冬态

芽开放　展叶始

展叶盛　新叶幕　现花序

花序现蕾　始花

花盛

花末

幼果

果实成熟

叶始变色

叶变色盛

叶全变色

落叶盛

落叶末

三十二、柿科

107. 柿（*Diospyros kaki*）

植株夏态　植株冬态　芽冬态

芽膨大　芽开放　展叶始

展叶盛　新叶幕

现蕾　始花

花盛
花末
幼果
果实成熟
果实宿存
叶始变色
叶变色盛
叶全变色
落叶盛
落叶末

108. 君迁子（*Diospyros lotus*）

植株夏态

植株冬态

芽冬态

芽膨大

芽开放

展叶始

展叶盛

新叶幕

现蕾（左图为雄株，右图为雌株）

始花

花盛

花末

幼果

果实成熟

果实宿存

叶始变色

叶变色盛

落叶盛

落叶末

三十三、杜仲科

109. 杜仲（*Eucommia ulmoides*）

植株夏态　植株冬态　芽冬态

芽膨大　芽开放　展叶始

展叶盛　新叶幕　雄花

雌花　始花

花盛 花末

幼果 果实成熟

果实宿存 叶始变色 叶变色盛

叶全变色 落叶盛 落叶末

三十四、木犀科

110. 流苏树（*Chionanthus retusus*）

植株夏态 植株冬态 芽冬态

芽膨大 芽开放 展叶始

展叶盛 新叶幕 现花序

花序现蕾 始花

花盛 花末

幼果 果实成熟

叶始变色 叶变色盛 叶全变色

落叶盛 落叶末

111. 雪柳（*Fontanesia philliraeoides* var. *fortunei*）

植株夏态　植株冬态　芽冬态　芽膨大

芽开放　展叶始

展叶盛　新叶幕

现花序　花序现蕾

始花　花盛

花末　幼果　果实成熟

果实宿存　叶始变色　叶变色盛

叶全变色　落叶盛　落叶末

112. 连翘（*Forsythia suspensa*）

植株夏态 植株冬态

芽冬态 芽膨大 芽开放

展叶始 展叶盛 新叶幕

现蕾 始花

花盛

花末

二次开花
（部分植株夏秋季有二次开花现象）

幼果

果实成熟

果实宿存

叶始变色

叶变色盛

叶全变色

落叶盛

落叶末

113. 白蜡树（*Fraxinus chinensis*）

植株夏态

植株冬态

芽冬态

芽膨大
（左图为叶芽，右图为花芽）

芽开放

展叶始

展叶盛

新叶幕

现花序
（左图为雄花序，右图为雌花序）

雄花序开花

雌花序开花

始花 花盛 花末

幼果序 果实成熟 果实宿存

叶始变色 叶变色盛 叶全变色

落叶盛 落叶末

114. 迎春花（*Jasminum nudiflorum*）

植株夏态

植株冬态

芽冬态

芽膨大

芽开放

展叶始

展叶盛

新叶幕

现蕾

始花

花盛

花末

果实成熟
（迎春花结果现象少见）

叶始变色

叶变色盛

叶全变色

落叶盛

落叶末

115. 小叶女贞（*Ligustrum quihoui*）

植株夏态　植株冬态

芽冬态　芽膨大　芽开放

展叶　新叶幕

现花序　花序现蕾

始花

花盛

花末

二次开花
（部分植株有二次开花现象）

幼果

果实成熟

叶始变色

叶变色盛

落叶盛

116. 金叶女贞（*Ligustrum × vicaryi*）

植株夏态　植株冬态

芽冬态　芽膨大　芽开放

展叶始　展叶盛　新叶幕

现花序　花序现蕾　始花

花盛

花末

幼果

果实成熟

叶始变色

叶变色盛

叶全变色

落叶盛

117. 紫丁香（*Syringa oblata*）

植株夏态 植株冬态

芽冬态 芽膨大 芽开放

展叶始 展叶盛 新叶幕

现花序 花序现蕾 始花

花盛

花末

幼果

果实成熟

果实宿存

叶始变色

叶变色盛

叶全变色

落叶盛

落叶末

118. 白丁香（*Syringa oblata* 'Alba'）

植株夏态 植株冬态 芽冬态

芽膨大 芽开放 展叶始 展叶盛

新叶幕 现花序 花序现蕾

始花 花盛

佛手丁香（'Alba-plena'）花盛
（重瓣，花期略晚于白丁香）

花末

幼果

果实成熟

叶始变色

叶变色盛

叶全变色

落叶盛

落叶末

119. 北京丁香（*Syringa reticulata* subsp. *pekinensis*）

植株夏态　植株冬态　芽冬态

芽膨大　芽开放　展叶始

展叶盛　新叶幕

现花序　花序现蕾

始花

花盛

花末

二次开花
（秋季个别植株有二次开花现象）

幼果

果实成熟

果实宿存

叶始变色

叶变色盛

叶全变色

落叶盛

落叶末

三十五、紫葳科

120. 厚萼凌霄（*Campsis radicans*）

植株夏态　植株冬态

芽冬态　芽膨大　芽开放

展叶始　展叶盛　新叶幕

现花序　花序现蕾　始花

花盛

花末

幼果

果实成熟

果实宿存

叶始变色

叶变色盛

叶全变色

落叶盛

落叶末

叶冻青枯
（秋末冬初，受冷空气影响常出现叶冻青枯现象，然后叶脱落）

121. 楸（*Catalpa bungei*）

植株夏态　植株冬态　芽冬态

芽膨大　芽开放　展叶始

展叶盛　新叶幕

现花序　花序现蕾　始花

花盛

花末

幼果

果实成熟

叶始变色

叶变色盛

叶全变色

落叶盛

落叶末

122. 黄金树（*Catalpa speciosa*）

植株夏态　植株冬态　芽冬态

芽膨大　芽开放　展叶始

展叶盛　新叶幕

现花序　花序现蕾　始花

花盛

花末

幼果

果实成熟

果实宿存

叶始变色

叶变色盛

叶全变色

落叶盛

落叶末

三十六、唇形科

123. 白棠子树（*Callicarpa dichotoma*）

植株夏态　植株冬态

芽冬态　芽膨大　芽开放

展叶始　展叶盛　新叶幕

现花序　花序现蕾　始花

花盛 花末

幼果 果实成熟 果实宿存

叶始变色 叶变色盛 叶全变色

落叶盛 落叶末

124. 海州常山（*Clerodendrum trichotomum*）

植株夏态 植株冬态 芽冬态

芽膨大 芽开放 展叶始

展叶盛 新叶幕

现花序 始花

花盛 花末

果实成熟 果实脱落

叶始变色 叶变色盛

叶全变色 落叶盛 落叶末

125. 荆条（*Vitex negundo* var. *heterophylla*）

植株夏态 植株冬态

芽冬态 芽膨大 芽开放

展叶始 展叶盛 新叶幕

现花序 花序现蕾 始花

花盛 花末

幼果 果实成熟

叶始变色 叶变色盛 叶全变色

落叶盛 落叶末

三十七、泡桐科

126. 毛泡桐（*Paulownia tomentosa*）

植株夏态　植株冬态　芽冬态

叶芽膨大　花芽膨大　叶芽开放　花芽开放

展叶始　展叶盛

新叶幕　花序现蕾　花序的形成（夏季形成次年开花的花序）

始花　花盛

花末　幼果　果实成熟

果实宿存　叶始变色　叶变色盛

叶全变色　落叶盛　落叶末

三十八、五福花科

127. 接骨木（*Sambucus williamsii*）

植株夏态　植株冬态

芽冬态　芽膨大　芽开放

展叶始　展叶盛　新叶幕

现花序　花序现蕾　始花

花盛

花末

幼果

果实成熟

叶始变色

叶变色盛

叶全变色

落叶盛

落叶末

叶冻青枯
（秋末冬初，受冷空气影响常出现叶冻青枯现象，然后叶脱落）

128. 鸡树条（*Viburnum opulus* subsp. *calvescens*）

植株夏态　植株冬态　芽冬态

芽膨大　芽开放　展叶始

展叶盛　新叶幕　现花序

花序现蕾
（左图花序中不育花现蕾，右图花序中可育花现蕾）

不育花始花

可育花始花　花盛　花末

幼果　果实成熟　果实宿存

叶始变色　叶变色盛

叶全变色　落叶盛　落叶末

三十九、忍冬科

129. 猬实（*Kolkwitzia amabilis*）

植株夏态

植株冬态

芽冬态

芽膨大

芽开放

展叶始

展叶盛

新叶幕

现花序

花序现蕾

始花
花盛
花末
幼果
果实成熟
果实宿存
叶始变色
叶变色盛
叶全变色
落叶盛
落叶末

130. 郁香忍冬（*Lonicera fragrantissima*）

植株夏态　植株冬态

芽冬态　芽膨大　芽开放

展叶始　展叶盛　新叶幕

现蕾　始花

花盛 花末

幼果 果实成熟

叶始变色 叶变色盛 叶全变色

落叶盛 落叶末

131. 金银忍冬（*Lonicera maackii*）

植株夏态　植株冬态

芽冬态　芽膨大　芽开放

展叶始　展叶盛　新叶幕

现蕾　始花

花盛

花末

二次开花
（个别植株夏秋季有二次开花现象）

幼果

果实始熟

果实全熟

果实宿存

叶始变色

叶变色盛

叶全变色

落叶盛

落叶末

132. 锦带花（*Weigela florida*）

植株夏态 植株冬态

芽冬态 芽膨大 芽开放

展叶始 展叶盛 新叶幕

现蕾 始花

花盛

花末

二次开花
（红王子锦带花 ‘Red Prince’ 夏秋季有多次开花现象）

幼果

果实成熟

果实宿存

叶始变色

叶变色盛

叶全变色

落叶盛

落叶末

133. 六道木（*Zabelia biflora*）

植株夏态　植株冬态　芽冬态

芽膨大　芽开放　展叶始

展叶盛　新叶幕

现蕾　始花

花盛

花末

幼果

果实成熟

叶始变色

叶变色盛

叶全变色

落叶盛

落叶末

参 考 文 献

1. 李德铢 . 中国维管植物科属志 [M]. 北京：科学出版社，2020.

2. 中国植物志编委员会 . 中国植物志 [DB/OL] . [2022–07–31]. http://www.iplant.cn/frps.

3. 张天麟 . 园林树木 1600 种 [M]. 北京：中国建筑工业出版社，2010.

4. 宛敏渭，刘秀珍 . 中国物候观测方法 [M]. 北京：科学出版社，1979.

5. 陈有民 . 园林树木学 [M]. 北京：中国林业出版社，1990.

中文名索引

拉丁名索引